图形动起来

平移和旋转

贺洁 薛晨◎著　哐当哐当工作室◎绘

U0240913

数学的
萌芽

北京科学技术出版社

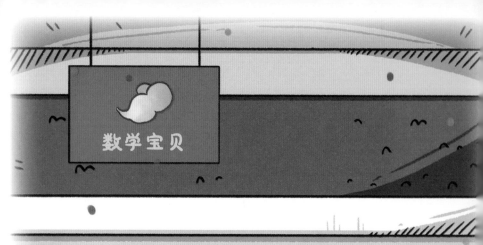

　　这学期，鼠宝贝班被评为数学宝贝班。看着锦旗缓缓升起，大家想起了这一学期学数学时发生的趣事。鼠老师有了灵感："这不就是下节课要讲的'图形的运动'中的平移现象吗？"

图形的平移

"假如旗子是在一张格子纸上，那么旗子从纸的底部升到纸的顶部，它一共向上平移了4格。有了！可以在格子纸上教大家学习图形的平移。"鼠老师心里想着。

图形的平移

上课了，鼠老师在黑板上画了一个方格。"今天，我们观察并学习图形的平移。在这个图中，把棋子向上平移5个点，它会落在哪里呢？"

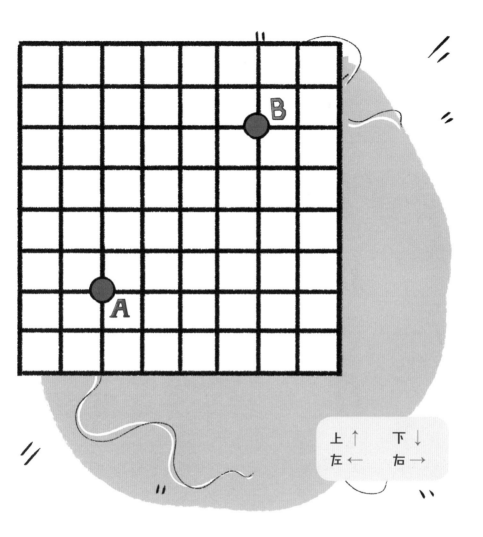

上 ↑ 　　下 ↓
左 ← 　　右 →

　　这么简单的问题可难不倒鼠宝贝们，他们很快明白了什么是平移。

　　"那么，试试把棋子从 A 点移到 B 点吧！大家能想出多少种方法？"鼠老师鼓励鼠宝贝们从各个角度去思考。

　　生活中，平移现象随处可见，比如队伍沿直线前进，火车在笔直的轨道上行驶等。

　　"昨天有个鼠宝贝把勺子从桌子的左上角移到右上角，又移到右下角。勺子的运动是'平移'吗？"捣蛋鼠问道。

　　"移动的过程中勺子的形状、大小和方向没有变化，就是平移。"鼠老师回答。

　　"大家已经发现了生活里的'图形的平移'，那我们再说说'图形的旋转'。"鼠老师决定趁热打铁。

　　"旋转？"捣蛋鼠想到了自己和勇气鼠前几天绕着体育馆跑的事情。

图形的旋转

"捣蛋鼠，你们绕着体育馆跑可不是'图形的旋转'。"鼠老师仿佛知道了捣蛋鼠的想法。

"那什么是旋转呢？"捣蛋鼠和勇气鼠太想知道答案了。

"和平移现象一样，图形的旋转在生活中也随处可见。同学们，抬头看！"鼠老师说。

屋顶上只有一台吊扇！

　　"在平面上，一个图形绕着一个定点旋转一定的角度得到另一个图形，我们把这种变化叫作图形的旋转。"鼠老师边说边打开吊扇开关，吊扇由慢到快旋转起来。

　　"我知道了！绕着体育馆跑不是旋转，但转圈是旋转！"
勇气鼠说道。捣蛋鼠开心地在原地转了几圈。

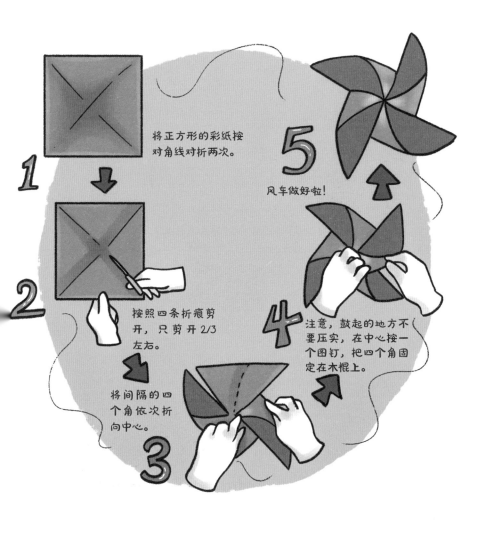

1 将正方形的彩纸按对角线对折两次。

2 按照四条折痕剪开，只剪开 2/3 左右。

3 将间隔的四个角依次折向中心。

4 注意，鼓起的地方不要压实，在中心按一个图钉，把四个角固定在木棍上。

5 风车做好啦！

　　"我们一起来做风车！"鼠老师拿出一沓正方形彩纸，还拿出一些图钉和木棍。鼠老师总能给鼠宝贝们带来惊喜。

　　"风车的中心用一颗图钉固定住。"捣蛋鼠最先做好了风车。

　　"对，同学们，图钉的位置就是图形的旋转中心。"鼠老师说。

　　"生活中还有哪些旋转现象呢？"鼠老师问。

　　"钟表指针的旋转。""汽车车轮的转动。""还有
汽车方向盘的转动！"……鼠宝贝们已经掌握了图形旋转
的奥秘。

　　接下来，鼠老师开始讲轴对称图形。"轴对称"这个词有点儿难理解，但大家猜了一个谜语后，很快就明白什么是轴对称图形了。

　　谜语是这样的：有种动物很美丽，身穿花衣裳，飞进花朵里，只采花不酿蜜。

"是蝴蝶！"勇气鼠一下子就猜到了。

"蝴蝶的翅膀有哪些特点呢？"鼠老师问。

"很漂亮。还有，左右两边翅膀上的花纹是一样的！"
勇气鼠不光有勇气，还很聪明。

　　"沿着中间的一条直线将图形对折，如果两边的图形完全重合，那这个图形就是轴对称图形。"

　　学起知识来，学霸鼠最认真。他在黑板上画了一只蝴蝶，还在它的中间画了一条竖线。

对称轴

　　这条竖线就是蝴蝶的对称轴。沿着对称轴对折，左右两边完全重合。

　　生活中有很多轴对称图形，鼠老师布置的作业依旧是
让鼠宝贝们去发现生活中的数学知识。

彩虹、飞机、蜻蜓、天坛……这些是不是轴对称图形呢？

图形的运动

说到运动，我们会想到锻炼身体的体育运动，但这本书里我们讲的是图形的运动。

淘气的鼠宝贝又在用勺子研究图形的平移，下面哪种不属于平移？

捣蛋鼠把纸风车吹得转起来啦！下面哪个是风车旋转后的样子？

捣蛋鼠的纸风车　　　　A　　　　　B

下面都是轴对称图形的一半，想一想，完整的图形是什么样的？你可以在故事中找到答案。

A　　　　　　B　　　　　　C

24